LETTRES D'UN TOURISTE

SUR LES

COMBATS DE TAUREAUX

PAR

M. RENÉ DE SEMALLÉ

PARIS
CHARLES DOUNIOL LIBRAIRE-ÉDITEUR
Rue de Tournon, 29.

1863

LETTRES

D'UN TOURISTE

SUR LES COMBATS DE TAUREAUX

Paris. — Imp. W. Remquet, Goupy et Ce, rue Garancière, 5.

LETTRES
D'UN TOURISTE
SUR LES
COMBATS DE TAUREAUX

PAR

M. RENÉ DE SEMALLÉ

PARIS
CH. DOUNIOL, LIBRAIRE-ÉDITEUR
29, RUE DE TOURNON, 29

1863

A M. LE DR BLATIN

VICE-PRÉSIDENT DE LA SOCIÉTÉ PROTECTRICE DES ANIMAUX.

MONSIEUR,

Lorsque j'ai eu l'honneur de vous remettre une traduction de la Bulle de saint Pie V, et de vous donner deux numéros du journal de Bayonne qui avait inséré les deux lettres suivantes en 1853, vous m'engageâtes à publier de nouveau ces deux lettres, pensant qu'elles pourraient être utiles à la cause que nous défendons tous deux. Vous ajoutâtes que les faits cités par moi serviraient en quelque sorte de pièces à l'appui des arguments employés par vous contre la barbarie des cirques espagnols.

J'obéis à vos conseils et vous prie d'agréer la dédicace de cet opuscule.

René de Semallé.

LETTRES D'UN TOURISTE
SUR LES COMBATS DE TAUREAUX

PREMIÈRE LETTRE

INSÉRÉE, EN 1853, DANS UN JOURNAL RELIGIEUX DE PARIS ET UNE FEUILLE DE BAYONNE.

Alicante, le 24 juillet 1853.

MONSIEUR,

Au moment où la barbarie africaine vient, après mille efforts infructueux sous les précédents gouvernements, de s'implanter à Nîmes et au Saint-Esprit, et de donner à nos populations le spectacle hideux d'hommes jouant leur vie, de taureaux égorgés et de chevaux éventrés, permettez-moi de vous entretenir de ces fameuses courses de taureaux que, par une bizarrerie incroyable, l'Église espagnole a laissées subsister à travers tous les âges, lorsque cependant elle avait assez de puissance pour l'abolir, puisqu'elle a réussi, chose bien plus difficile, à christianiser l'Andalousie et à extirper le mahométisme de la Péninsule où il avait régné huit cents ans.

Avant tout, je dois dire que l'Espagne joue de malheur, et a été fort décriée par les derniers voyageurs français qui en ont parlé. Ceux-ci n'ont vu que le manque de routes, le défaut de communications, l'état moins avancé de l'industrie, et la pauvre Espagne a été le sujet de leurs plaisanteries et le but de leurs sarcasmes. Ces messieurs n'ont pas réfléchi qu'il n'a été donné à aucun peuple d'être universel.

Nous avons des canaux, des routes, des chemins de fer, mais voyez le globe terrestre, et demandez à la France quelles terres elle a conquises au christianisme, à la civilisation, à sa langue.

Partout où la France a porté sa civilisation, l'Anglo-Saxon règne en maître, la langue française s'en va, et actuellement l'État d'Haïti est le seul pays de formation française.

Pendant ce temps, l'Espagne a couvert de colonies l'Amérique, depuis le golfe du Mexique jusqu'à la Terre-de-Feu ; et, en ce moment, quinze républiques parlent espagnol dans le nouveau monde. Le Mexique, la Plata et l'Équateur sont dans l'anarchie ; mais qu'étions-nous nous-mêmes sous les Mérovingiens ? D'autres États, le Chili, le Paraguay, le Pérou semblent entrer dans la voie de la civilisation et de la prospérité. La généreuse Espagne a formé ces nouveaux États du plus pur de son sang. Ses religieux ont réparé les maux causés par ses conquérants. Sainte Rose de Lima a étonné les deux mondes de ses vertus héroïques. L'Espagne s'est épuisée, et maintenant que, concentrée en elle-même, elle cherche à ranimer ses forces énervées par ses efforts, on vient lui demander de l'industrie, des chemins et des canaux, comme si elle n'avait pas fait plus pour l'humanité en fondant quinze États, qu'en établissant des voies de communication entre ses provinces.

Ajoutons à tout ce que nous venons de dire, que jamais peuples ne se sont constitués sur des principes plus libéraux que les États de l'Amérique du sud, tandis que les États-Unis, jusqu'ici, se sont fondés sur la traite, l'esclavage des noirs et le refoulement des rouges.

Séparés du reste de l'Europe, les Espagnols

n'ont pu acquérir cet esprit européen qui résulte du frottement des diverses nationalités et que les Anglais n'ont pas plus qu'eux. De là, dans la Péninsule, un caractère particulier mélangé de bien et de mal, mais où le premier l'emporte de beaucoup sur le second.

Les écrivains dont je parlais tout à l'heure ont méconnu les droits de l'Espagne à la reconnaissance du monde, ont méconnu la noblesse de son caractère et ont tout blâmé, excepté ce qu'il y a de plus blâmable, l'usage antichrétien des combats de taureaux.

Réhabilitant, autant qu'il est en mon pouvoir, l'Espagne tant décriée, permettez-moi de vous faire part des réflexions qu'ont fait naître en moi les quatre courses de taureaux et de novillos auxquelles j'ai assisté. Si je vous semble sortir un peu des bornes de la modération, songez que le mal est grand, qu'il peut servir d'arme terrible aux protestants pour combattre les catholiques, puisque, comme je vous le montrerai, le clergé espagnol est le complice volontaire des horreurs que je combats, que ce mal menace d'envahir la France, et que, enfin, l'Église d'Espagne ne secouera sa torpeur à cet endroit que si les journaux religieux de France la forcent à en sortir. Il n'y a rien de pire qu'une fausse conscience, et, grâce à quelques sophismes, la course des taureaux passe ici généralement pour quelque chose de parfaitement chrétien.

J'ajouterai cependant que, dans toutes les villes que j'ai eu occasion de voir, j'ai trouvé des chrétiens fervents, de pieux laïques, remplis d'indignation à la vue d'un tel scandale et désirant combattre cet usage de toutes leurs forces, heureux si, en insérant cette lettre, vous pouviez leur venir en aide.

Commençons par décrire brièvement une

course de taureaux telle qu'elle a lieu tous les huit jours à Madrid, quand le temps le permet. Cette description, je ne la fais que pour servir de base à ce que j'ai l'honneur de vous dire ensuite. Je n'ai nullement la prétention de lutter contre les nombreux écrivains qui ont décrit ce spectacle.

A l'heure indiquée par l'affiche, un peloton de gendarmerie, conduit par deux alguazils, fait évacuer le cirque. Les alguazils, vêtus habituellement comme des sergents de ville français, sont en tenue de gala pour la course de taureaux. La circonstance est des plus solennelles : la procession de la Fête-Dieu, les grands cortéges et le combat de taureaux, voilà les seules raisons qui puissent faire revêtir à l'alguazil son beau costume de Philippe II.

Quand la foule a évacué le cirque, les alguazils sortent et rentrent conduisant le cortége des combattants; en tête sont les deux agents de la police, puis les picadors la lance au poing, montés sur de véritables rossinantes aux yeux bandés.

Tous les yeux se portent sur les espadas ou matadors drapés dans leurs manteaux écarlates et suivis de la *quadrille* légère des chulos au costume pailleté et éclatant de toutes les couleurs de l'arc-en-ciel. Ils ont sur l'épaule ces légers manteaux de soie qui serviront à détourner l'attention du taureau dans les moments périlleux. Derrière les chulos viennent deux attelages de trois mules chacun. Ces mules fringantes sont ornées de tous les pompons, plumets et clinquants possible; elles sont destinées à enlever les cadavres de l'arène. La marche est fermée par des dogues à figure sinistre, complices de la brutalité humaine, qui seconderont la barbarie des combattants si un des taureaux refuse le combat qu'on lui offre dans toutes les circonstances les plus défavorables pour lui.

Les combattants se rendent devant la loge de l'autorité et la saluent. Car, notez-le bien, on peut, à Paris, jouer *Polyeucte*, à Londres *Macbeth*, à Madrid on pourrait jouer *le Médecin de son honneur*, sans que l'autorité intervînt en rien. Ici il s'agit de bien autre chose: l'autorité doit tout ordonner; salut donc à l'autorité! *Ave, Cæsar, morituri te salutant.* L'autorité est dans sa loge; c'est la reine, ou le gouverneur, ou l'alcade. Il y a luxe de gendarmes et de troupes. Vous voyez dans les villes de province une compagnie traverser les rues, tambour et clairon en tête, en tenue de gala. Où vont tous ces guerriers? Ils vont donner de la pompe à la tuerie des taureaux, des veaux et même des vaches. Je viens de voir, à Alicante, une affiche ainsi conçue : « Vacas de muerte. » Ainsi donc, on se prosterne devant César; César fait un signe, les mules retournent à l'écurie, les chiens vont au chenil, les combattants se rendent à leur poste. César fait un signe, la trompette sonne et l'alguazil va remettre la clef de l'étable aux gardiens des taureaux. Cela fait, l'alguazil pique des deux et disparaît au milieu des huées de la populace. L'autorité livre ainsi à la foule un de ses agents : joli commencement! On a beaucoup crié, en France, contre Bilboquet qui mystifie, sur les planches, un figurant revêtu de l'uniforme de la gendarmerie. Ici, c'est mieux, dans ce pays de catholicité et d'autorité, c'est l'alguazil en chair et en os qu'on siffle et qu'on hue.

Le taureau sort. Les chulos qui prennent le nom de *capéadors* quand ils jouent du manteau, et de *banderilleros* quand ils posent les dards enjolivés de découpures et de rubans qu'on appelle *banderilles*, attirent le taureau du côté d'un picador (à Madrid il y en a trois), et sautent par-dessus la barrière. Le picador armé d'une lance terminée par une boule de bois surmontée d'une pointe de deux pouces à peu près, pique le taureau au cou. Celui-ci s'éloigne aux huées de la populace ou fonce sur le cheval. Il porte un coup de corne qui éventre le malheureux quadrupède, lequel, déchiré en outre par les éperons du cavalier, s'embarrasse en marchant dans ses entrailles, ou lui porte un coup près de l'épaule qui fait sortir un jet de sang gros comme le bras et renverse le cheval mourant sur le cavalier. Il y a des taureaux qui tuent ainsi plusieurs chevaux. Le cavalier étant tombé sous son cheval, les chulos détournent l'attention du taureau et emportent le *picador* qu'on remet en selle sur un autre cheval. Quand l'autorité et le peuple ont respiré assez l'odeur du sang de rosses, toujours courageuses du reste, la trompette et le tambour donnent le signal, et la moitié des *chulos*, armés de banderilles, vont lutiner le taureau, lui accrocher des dards crochus au cou, tandis que l'autre moitié joue de la cape pour détourner l'attention du pauvre animal. Le cou du taureau est couvert de banderilles éclatantes, et le sang coule par une foule de blessures.

L'autorité fait sonner la mort. L'espada s'avance devant la loge de César, le salue profondément, jette son chapeau, prend une épée et s'avance avec grâce devant le taureau. Ici, la scène devient imposante une fois sur dix; neuf fois sur dix, elle est dégoûtante.

Tenant le voile rouge à la main, le matador fait passer plusieurs fois le taureau sous son bras droit; puis, saisissant le moment favorable, il lui plonge l'épée jusqu'à la garde dans le garrot; l'animal tombe foudroyé aux pieds de son vainqueur. Voilà ce qui doit être, voilà le spectacle si souvent décrit, voilà ce qui est fort rare depuis que l'art est en décadence. J'ai vu tuer par l'épée vingt et un taureaux ou novillos. Je n'en ai pas vu trois mourir ainsi.

Dans la réalité, le matador frappe quatre ou cinq fois; le taureau, épuisé par les banderilles et étourdi par le jeu des capes, refuse le combat et cherche un coin pour mourir en paix. L'espada, après cinq ou six coups qui font dégénérer le combat en boucherie, cède la place à l'assassin appelé *cachetero*. Pendant que le taureau, cet animal du sacrifice antique, cherche un abri auprès du banc qui fait le tour de l'enceinte pour mourir et semble se recueillir au dernier moment, le cachetero, arrivant par derrière, escorté des chulos qui ne laissent pas un moment de repos au taureau, plante un poignard entre les deux cornes de l'infortuné, qui s'abat comme frappé de la foudre.

Nouveau coup de trompette de par mandement de l'autorité; les mules arrivent. La vue du sang leur fait horreur. A coups de fouet on les force d'approcher, et on les attelle aux cadavres des taureaux et des chevaux, et elles repartent au galop. On répand du sable sur le sang qui rougit l'arène, et de par ordres successifs de l'autorité, on passe à l'immolation successive de tous les taureaux, vaches ou novillos destinés au sacrifice du jour. Si le taureau refuse la lance du picador, on lui enfonce, dans le cou, des banderilles garnies de pétards fulminants. Ces artifices éclatent en cuir et chair. Les épaules de l'animal, dépouillées de peau, sont couvertes de sang et de chair calcinée par l'ardeur du feu. Si l'animal que la Providence nous a donné pour compagnon et non pour ennemi, le laboureur des temps héroïques, et encore maintenant, des pays où le labour est le plus difficile, si le taureau refuse encore, on le livre aux chiens. Ces animaux, dont l'homme a créé des races ignobles quand il a voulu en faire les auxiliaires de sa cruauté, terrassent le taureau, qui est poignardé par le cachetero. D'autres fois, on ne fait pas intervenir les chiens : d'un coup de croissant, on coupe le jarret du taureau; une fois démonté, l'inévitable cachetero l'achève.

Voilà l'histoire de toutes les courses de taureaux. C'est un spectacle brutal, intéressant, où le taureau a trop d'adversaires à combattre pour que le spectacle ait du grandiose. Mettez l'homme seul à seul avec le taureau; donnez-nous vingt paires de gladiateurs, voilà du grandiose, à la bonne heure! il n'y a pas assez de danger pour que la lutte soit grandiose; il y en a assez pour violer manifestement le cinquième commandement et exposer inutilement la vie humaine. N'y eût-il aucun danger, il faudrait interdire cette lutte où le peuple se familiarise avec la vue du sang; mais il y en a, et je le prouverai tout à l'heure.

J'ai demandé à tous les prêtres que j'ai vus et à beaucoup de laïques, par quels motifs on pouvait défendre cette institution. Voici ceux qu'on m'a donnés : 1° La vie de l'homme n'est pas exposée, parce que si le torero observe toutes les règles de son art, son intelligence sera toujours victorieuse de la brutalité de l'animal; 2° Ce spectacle a ceci de moral et de beau, qu'il montre la supériorité de l'âme humaine sur la brute. Il y a un troisième argument que je réserve pour la bonne bouche.

Premier argument. L'expérience est là, qui prouve que la vie de l'homme est exposée. En effet, j'ai rencontré plus de dix personnes qui avaient vu tuer ou blesser mortellement dans l'arène. Autant dire que deux maîtres d'armes pourraient, sans crime, faire assaut à l'épée nue et démouchetée, parce que chaque coup ayant sa parade, s'ils savent tous deux leur art, aucun ne sera jamais tué. Creusons encore un peu ce sujet, et dites-moi, la main sur la conscience, si la vie de l'homme n'est pas exposée.

Voici le compte rendu de la première course où j'ai été, d'après un journal espagnol. Fait par un homme ennemi des combats, ce compte rendu pourrait être suspect d'exagération.

« La course de dimanche fut plus ou moins

du même genre que les précédentes, c'est-à-dire régulière, avec quelques passes mauvaises. Les animaux du Barquero et du Portugal donnèrent quelque jeu, et l'un d'eux, le sixième, sortit brave et plein d'ardeur. Les picadors ne travaillèrent pas toujours en règle ; mais, en revanche, les banderilleros furent plus heureux que jamais, spécialement le Regatero, Nicolas et Lido. La soirée fut malheureuse pour les matadors. Julien Casas ne fit pas de prodiges. Cayetano fut enlevé par un taureau, quoique sans recevoir aucune blessure, probablement parce qu'il n'a que la peau sur les os, et en manqua un autre.

« Enfin, le brave Trigo reçut à la main droite un coup de pointe du troisième taureau qui, à la vérité, avait eu les banderilles de feu, et, bien qu'il ait pu le tuer avec beaucoup de peine, par suite des précautions qu'il prenait, il fut forcé de se retirer après à l'infirmerie. Un picador prit aussi le même chemin, et un banderillero fut sur le point de mourir. Il y avait peu de monde pour un jour de fête, et le public sortit peu satisfait. Les bons temps de la tauromachie touchent à la fin.» (*Clamor publico*, 14 juin 1853.)

Comment trouvez-vous ce bon public? huit taureaux et sept chevaux tués, un homme grièvement blessé, un légèrement, deux hommes lancés à sept ou huit pieds en l'air, et n'en pas trouver assez! Je le demande, les deux toreros lancés en l'air ont-ils été en danger, et dépendait-il desdits combattants de retomber à terre plutôt que sur les cornes? Mais voyez l'affiche elle-même; elle a soin de dire, avec une modestie de paroles remarquables : « Picadors, Antonio Aire, Francisco Puerto et Antonio Calderon, avec trois autres de réserve, sans que, en cas de s'inutiliser tous les six (inutilizarse), on puisse exiger qu'il s'en présente d'autres. » Ce mot inutiliser est charmant. Il n'y a pas de danger : alors, pourquoi cette précaution? il n'y a pas de danger ; et pourquoi cette chapelle dans l'intérieur du cirque, où un prêtre attend avec les saintes huiles? La présence de ce prêtre est une infamie : s'il n'y avait pas de danger, c'est une réclame mensongère et sacrilége ; s'il y en a, c'est la complicité dans un crime, il est bon de prouver ce qu'on avance. Voici un extrait du *Héraldo* du mois de mai 1853 :

Un journal rapporte ce qui suit : « Il y a dans la place de taureaux une chapelle dans laquelle, les jours de représentation, on allume quatre cierges devant une image. Dans cette chapelle sont déposés les secours spirituels pour un cas de nécessité. C'est une coutume ancienne que les combattants, avant d'entrer en lice, s'y réconcilient avec Dieu. Mais quel fut notre étonnement en observant, ces jours derniers, qu'au lieu de prier et de se tenir avec la révérence due au lieu, nous y avons entendu proférer des paroles grossières, et y avons vu fumer des gens de la quadrille et des étrangers à cette troupe, la tête couverte avec le même sans-façon qu'en plein champ!

« Nous croyons que M. Casas, comme chef de la quadrille, devrait éviter ces abus. Si les toreros veulent parler, qu'ils cherchent une autre place, où ils n'offensent ni la morale, ni la religion, et surtout dans le moment où les profanateurs peuvent être si près de paraître devant l'Être suprême. »

Encore deux passages d'affiches pour démontrer cette complicité du clergé espagnol, complicité qu'il pourra payer cher dans un avenir peu éloigné.

« Grenade, 27 février 1853. — Grande course de taureaux au bénéfice de Notre-Dame-des-Angoisses et de son hôpital, si le temps le permet...

« A quel effet, et étant un acte de bienfaisance auquel elle se consacre sans aucune rétribution, une quadrille d'amateurs, comme hommage à sa patronne souveraine, etc. (Qu'y a-t-il de plus fort? une course de taureaux faite par piété, au profit de la sainte Vierge!) Ne s'étant pas présenté dans l'année courante d'entrepreneur à l'adjudication faite par le Corps royal de la maîtrise pour les courses de taureaux à mort qu'on a l'habitude de donner aux fêtes du corpus..., l'entreprise, désirant qu'en ce jour le public grenadin ne manque pas d'un plaisir si bien approprié à la saison, a l'honneur, etc. »

Il me semble qu'avec ce faisceau de preuves

il est difficile de nier le danger, et s'il y a danger, il y a culpabilité.

Quant à la deuxième justification ainsi formulée, ce spectacle a cela de moral et de beau, qu'il montre la supériorité de l'âme sur la brute.

On peut répondre que la supériorité de l'homme sur le taureau consiste à le dompter et à le faire travailler, et que si, au lieu de mettre en présence un taureau qui n'a jamais combattu et des spadassins rompus déjà à toutes les ruses du métier, on mettait en présence un homme n'ayant pas encore exercé et un taureau ayant paru déjà dix fois sur l'arène, la supériorité humaine serait beaucoup moins évidente.

Les Espagnols, non contents de se justifier, nous attaquent en disant que leurs combats de taureaux sont moins dangereux que nos saltimbanques et nos courses de chevaux. Quant aux saltimbanques, l'Église ni l'État ne s'en mêlent chez nous, et les cordes, sabres, etc., dont ils usent, étant soumis aux lois de la matière brute, une fois le tour appris, ce sera toujours la même chose; tandis que quelle que soit la ruse du taureau, qui change à chaque fois, le matador doit tuer ou être tué. Pour les courses de chevaux, le but est louable. Si on veut avoir une bonne race, il faut des étalons franchissant un mur; pour faire franchir un mur, il faut un cavalier. Remarquons que, de plus, chez nous, des hommes riches et bien posés montent eux-mêmes dans les courses au clocher, que le cheval est amélioré dans l'espèce, que l'homme, assez bon cavalier pour courir, peut, en cas de guerre, être fort utile à son pays, et qu'il ne fait pas métier d'exposer sa vie pour de l'argent comme le torero.

S'il y a un fait avéré, c'est que le clergé, en Espagne, est grand partisan des courses de taureaux. Sauf deux, tous les prêtres que j'ai entretenus de cet abus l'ont justifié.

J'en ai vu deux assister en redingote aux courses de Madrid, bien que cela leur soit défendu. A Séville, j'en ai vu un autre aller à la course à mort de novillos ; il m'a assuré qu'il avait une dispense pour cela en sa qualité de membre de l'Ordre de Saint-Jacques. Le même m'a dit que la course des taureaux de Madrid était sanctifiée par son but, celui de soutenir un hôpital, et que la mort de quelques toreros rendait la vie à bien des malades. A cela il n'y a rien à répondre. Que dirait ce bon prêtre si un couvent était soutenu par le gain des prêtresses de Vénus ?

On a déjà parlé de l'influence des courses de taureaux sur l'art dramatique. Je passe sur ces considérations que je ne fais qu'indiquer. Quel intérêt voulez-vous qu'un homme prenne à Cléopâtre feignant de s'empoisonner en buvant de l'eau claire, ou à Macbeth dont la tête en cire est portée sur une pique, quand ce même spectateur a eu la jouissance de voir une douzaine de chevaux éventrés, huit taureaux tués, deux ou trois hommes écloppés, et qu'il a bel et bien respiré les fumées du vrai sang humain? Caldéron a fait des pièces remplies de force tragique; on n'en a joué aucune en un mois à Madrid du 25 mai au 27 juin 1853.

Si César veut dégrader le peuple, si le peuple veut être dégradé, que du moins le prêtre ne vienne pas excuser cette double infamie!

Vous apportez l'huile sainte; pourquoi pas le corps du Seigneur, quand ce ne serait que pour lui apprendre, en quelque sorte, à lui qui est mort pour le salut des hommes, comment on meurt pour leur plaisir?

Quant à nous, cette présence du prêtre, qui nous obsédait tout le temps du combat comme un cauchemar, nous inspirait cette affreuse pensée qu'il aurait dû défiler devant César, derrière les combattants, lorsque, pareils aux gladiateurs romains, ils disaient le *Ave, Cæsar, morituri te salutant.* C'était logique, mais non, une dernière pudeur a retenu l'Église d'Espagne, et dans le défilé manque celui dont la présence mystérieuse suffit pour démontrer la culpabilité d'un pareil exercice.

Le clergé, ai-je dit, protége les combats des taureaux, le parti religieux et monarchique le soutient dans cette bonne disposition. Voici deux passages de *la Esperanza*, journal du clergé, assez décisifs :

« Les courses de taureaux continuent sans être un peu remarquables. Celle d'hier n'offrit aucun incident digne d'être mentionné et nous croyons qu'il en sera toujours de même, si l'entreprise ne s'efforce de présenter de bons animaux et de bons combattants. »

17 juillet 1853. « La course de taureaux d'hier a été la meilleure. Les animaux étaient bons, et spécialement le dernier, qui tua assez de chevaux et força deux picadors à se retirer à l'infirmerie. De leur côté, les quadrilles travaillèrent avec ardeur et le public qui remplissait la place est satisfait, et désire que l'entreprise inaugure la prochaine saison, avec des fêtes aussi belles que celle qui a terminé la dernière. »

Il y a tout un ordre d'idées dont je n'ai pas parlé, parce que cela dépasserait les bornes de cette lettre, mais croyez-vous que les hommes courageux au besoin, mais sans fanfaronnade, ne perdent pas beaucoup aux yeux des femmes, comparés aux brillants et beaux toreros jouant gaîment leur vie dans l'arène? Du reste, je dois le dire à la louange des dames espagnoles, d'après des récits mensongers, je croyais en trouver beaucoup plus au cirque : il n'y avait pas une femme sur vingt assistants, excepté à Malaga ; mais, là, c'était une course de novillos aux cornes tamponnées, où il n'y avait pas mort de taureau, par cette raison bien simple qu'il aurait été ignoble de percer d'un coup d'épée un animal combattant à armes courtoises. La présence de femmes et de prêtres n'aurait donc pas été déplacée à ce spectacle d'adresse. Je le répète, même à Séville, il y avait très-peu de dames à la course de mort.

Est-il bien vrai que la France déjà scandalisée, l'année dernière, par les courses du Saint-Esprit, s'enivre encore cette année du sang de taureau, de cheval et d'homme sur plusieurs points à la fois? Est-ce que le peuple français, débiteur déjà envers la justice divine, va encore ajouter à cette dette de propos délibéré? nos femmes, renommées par leur esprit et leur charité, vont-elles s'endormir et s'abrutir à la vue du carnage? C'est au clergé français (1) à répondre. Il est mis en demeure; *principiis obsta, sero medicina paratur*. S'il ne le fait, dans dix ans, il sera trop tard; le peuple voudra s'enivrer périodiquement de l'odeur du sang, et le clergé sera impuissant à conjurer le mal.

Quand les Romains voulurent introduire les combats de gladiateurs à Athènes, un citoyen de cette ville s'écria : « Soit! mais alors détruisons l'autel que nos ancêtres avaient élevé à la Pitié. »

Je dirai aussi aux Français plus logiques

(1) On nous apprend, au moment de mettre sous presse, que Mgr l'évêque de Nimes vient de condamner, dans une lettre éloquente, la barbare coutume des combats de taureaux. — 1er juillet 1863.

que les Espagnols, si incapables de faire un amalgame honteux de la religion et du meurtre : Soit! rétablissez les combats antiques, rendez à leur destination primitive les arènes de Nîmes et d'Arles, mais alors abattez les autels du Dieu de paix et d'amour et des apôtres, à la voix éloquente desquels ont cessé les jeux sanglants de l'antiquité. Avant de restaurer le paganisme, détruisez la religion chrétienne. Mais j'espère mieux de notre pays. L'Espagne n'est pas Rome, et nous sommes plus qu'Athènes.

En terminant, disons encore que la vue de l'Espagne, en même temps qu'elle fait admirer le peuple espagnol, toujours si héroïque, si artiste et si dévoué, rehausse beaucoup l'Église de France, si calomniée, et qui, de toutes les Églises, a certainement le mieux compris le catholicisme.

Nous avons été témoins, depuis quelques

années, de débats fort longs au sein du clergé catholique, sur l'unité liturgique en Occident. Pour notre part, nous ne nions pas l'importance de cette question; mais pour Dieu, est-ce que la coutume barbare des combats de taureaux n'a pas une bien autre portée qu'une altération liturgique, et n'y a-t-il pas à Madrid un nonce pour avertir et à Rome des congrégations pour condamner la théorie du suicide sanctionnée par la religion, et le ministre de Dieu mêlé à un spectacle barbare, dégradant pour l'humanité et coupable au premier chef? Les combats de taureaux s'en vont, les amateurs le déclarent en gémissant.

Que pour l'honneur du catholicisme, l'Église soit pour quelque chose dans leur suppression.

SECONDE LETTRE

ADRESSÉE AU DIRECTEUR D'UN JOURNAL DE BAYONNE.

Paris, le 2 octobre 1853.

MONSIEUR ET AMI,

Vous avez bien voulu donner à ma lettre datée d'Alicante une publicité qu'elle était loin de mériter. J'aurais désiré que quelque théologien français, quelque prélat fût venu à la frontière espagnole dire à la barbarie : « Tu n'iras pas plus loin ! » J'aurais voulu que quelque protestation énergique sortît de la capitale du monde civilisé; il n'en a rien été.

Des taureaux et des chevaux ont été tués, un faux alguazil a été fort endommagé à Saint-Esprit; Nîmes a rouvert ses arènes aux jeux du paganisme; Bordeaux va avoir ses courses à la prochaine foire. J'ai vu les toreros (1) faire déjà leurs dispositions, et les combats impies auxquels vous avez déclaré la guerre n'ont été l'objet que de louanges de la part de la presse parisienne, sauf le journal *la Presse religieuse.*

A vous donc cette seconde lettre; puis, si l'Église nous foudroie, nous ferons amende honorable. Pour ma part, je me déferai de sots scrupules, et l'année prochaine nous

(1) L'auteur a vu les toréros à Bordeaux, mais ce qu'il n'a su que plus tard, c'est que le préfet de la Gironde qui administrait ce département, en 1853, leur avait refusé l'autorisation qu'ils demandaient.

irons applaudir ensemble la *suerte de mulet* et l'estocade du *vuela pies*. En attendant, la question est au moins douteuse, il n'y a pas d'hétérodoxie à combattre les courses de taureaux : encore une lettre sur ce sujet, et j'espère, grâce à votre publicité, que cette question sera examinée comme elle mérite de l'être.

Comme je l'ai dit, le voyage que j'ai fait en Espagne m'a fait aimer et admirer ce pays et ses héroïques habitants. L'Espagne a plus fait pour le progrès et la civilisation que l'Angleterre elle-même : elle s'est épuisée à produire les populations mixtes de l'Amérique du sud ; elle a répandu sa sainteté, ses lois, sa langue, sur les trois quarts de l'Amérique, maintenant elle se repose ; mais ce ne sera pas long, et de nouvelles effluves de l'Espagne iront bientôt fonder de puissantes nationalités dans l'extrême Orient, où les

Philippines, grâces à leur position près de la Chine, sont appelées à jouer un grand rôle.

Si je repasse les Pyrénées, je ne craindrai pas que les Espagnols me sachent mauvais gré de mes deux lettres contre leur divertissement favori. Je tiens en France le même langage qu'en Espagne. J'ai toujours blâmé la tauromachie, et je continue à louer ici ce que j'ai loué à Madrid.

Enfin, le mal nous gagne rapidement; comme Français, comme chrétien, j'ai le droit d'avertir mon pays que dans deux ans, s'il continue l'œuvre de cette année, il sera dégradé, abruti, et que la religion ne sera qu'un vain mot, si l'Église ne prémunit pas les fidèles contre le suicide et la cruauté de l'amphithéâtre.

« Vous n'avez pas vu Cucharès ! » me disaient les Espagnols quand je leur parlais de taureaux. Je l'ai vu maintenant ce Talma de la boucherie, je l'ai vu deux fois, et je persiste à flétrir de toutes mes forces et le gouvernement qui mande et le clergé qui autorise ce spectacle hideux. J'ai encore vu seize taureaux immolés à la reine, au gouverneur, à l'*ayuntamiento* et à la noble population de Barcelone.

J'ai même eu la chance de voir un picador parfaitement inutilisé d'un coup de corne dans la cheville du pied, un autre suffisamment moulu pour donner un peu d'intérêt au drame, un banderillero qui passait dans l'autre monde sans l'adresse de Cucharès, et un garçon de service dont le pantalon et ce qu'il enserre l'ont échappé belle. L'opinion que j'avais prise à Madrid n'a pas changé ; je l'ai exprimée dans ma première lettre, inutile d'y revenir. Disons seulement que de seize taureaux, trois ou quatre seulement ont été tués sur le coup, et de ces trois ou quatre, un a été frappé d'une façon indigne du grand Cucharès : l'épée a tranché l'artère carotide, et l'animal est tombé vomissant des flots de sang. Un journal de Barcelone a très-bien fait observer que l'épée du matador ne doit pas accomplir le rôle du poignard du cachetero. J'ai appelé Cucharès le Talma de la boucherie, c'est une appellation trop ambitieuse. L'égorgement d'un taureau comme il le pratique, n'est nullement une tragédie classique, c'est le drame mêlé de bouffonnerie et de cruauté.

On a beaucoup applaudi les passes de la cape, le taureau frappant l'air sept ou huit fois et ne trouvant rien sous le manteau ; puis dégoûté d'efforts infructueux, s'arrêtant stupéfait et n'osant charger le combattant majestueusement drapé dans le tissu éclatant. C'est se moquer de son ennemi, abuser de sa simplicité et le bafouer avant de le tuer, je ne vois là rien de la grandeur classique du spectacle. C'est une triste bouffonnerie lorsqu'un faux pas de l'homme peut le livrer aux cornes acérées du taureau, et qui se termine par l'immolation de l'animal abusé par le papillottement de l'étoffe. Ce que j'applaudirais dans le cas où l'animal aurait les cornes tamponnées et où il aurait la vie sauve, je le réprouve quand l'homme joue avec le danger sans aucun but d'utilité, et tue cruellement le taureau démoralisé par des passes qu'il voit pour la première fois.

Ce jeu de la cape et ce refus de charger par le taureau, lorsqu'il a été trompé plusieurs fois, me remet en mémoire certaine histoire de revenants. Dans une maison qu'on disait hantée par des esprits, un homme courageux s'engagea à passer une nuit seul et sans avoir peur. A minuit un spectre entre en traînant des chaînes, et tenant une torche à la main. L'intrépide parieur fait trois sommations et décharge ses pistolets à bout portant sur le fantôme. Celui-ci tire de sa bouche les deux balles, et lui dit : « Voilà tes balles, recharge ! » A cette vue, notre homme est saisi d'un tel étonnement qu'il en devient fou. Il avait laissé ses pistolets sous le chevet de son lit quelque temps avant de se coucher, un ami spirituel les avait débourrés, en avait retiré les balles et avait mis lesdites balles dans sa bouche.

De même, le taureau bien convaincu d'avoir frappé dans le manteau sans rencontrer le corps de son adversaire, ne croit plus possible de rencontrer ce corps insaisissable, même lorsque ce manteau enveloppe exactement le torero. Je ne vois là ni magnétisme, ni fascination, et je maintiens toujours que si le taureau revenait deux ou trois fois dans l'arène, aucune quadrille de toréadors n'oserait le combattre, parce qu'il opposerait ruse contre ruse, comme le cerf dix cors déjà souvent chassé, et qui a beaucoup plus d'expérience pour dépister les chiens que le cerf à sa seconde tête. J'ai eu beau voir quatre courses de taureaux, une de novillos de *hasta limpia*, j'avais beau regarder avec sang-froid dès le premier jour : ma raison et ma conscience repoussent plus ce spectacle que ma sensibilité, qui n'a jamais été beaucoup émue par le danger que courent des hommes cherchant volontairement le péril, et blessés en faisant souffrir un animal.

Malgré ma promesse de ne pas faire de redites, je constaterai que les femmes étaient en minorité à Barcelone ; il n'y en avait pas une contre dix hommes. Il faisait pourtant beau, et la première épée des Espagnes et des Indes avait attiré une telle affluence, que, dès le matin, toutes les places étaient prises. Décidément il y a des femmes en Espagne qui ne goûtent pas le sang des bêtes et l'inutilisation de l'homme. Certains voyageurs les ont calomniées sur ce point comme sur plusieurs autres.

Passons maintenant à une course de vaches, dont j'ai été témoin ll y a quinze jours à Pampelune.

J'ai dit course de vaches, l'expression n'est pas exacte, il y a d'abord eu deux novillos aux cornes tamponnées tués par une quadrille d'amateurs. Ce qui tombe tout à fait dans la boucherie, surtout si on remarque que l'un des deux n'a succombé qu'au onzième coup d'épée ; le ridicule venait se joindre à l'odieux. L'affiche ne nous promettait que trois picadors, pas un de plus, si les deux novillos aux cornes tamponnées venaient à les inutiliser tous les trois. Il y a eu ensuite trois vaches aux cornes acérées livrées aux amateurs qui les voudraient écarter et lesdites vaches n'étaient retenues par aucune corde. Il paraît qu'en fait de cirque, c'est là ce qu'on peut appeler jeux innocents et permis, car j'ai compté quatre prêtres, dont un en costume complet parmi les assistants.

Ce spectacle remplit toutes les conditions exigées par Aristote; l'intérêt alla toujours croissant. La première vache endommagea un fond de pantalon, la seconde enleva un peu de peau, la troisième enfonça vingt-cinq centimètres de cornes dans cet endroit du corps où les reins perdent leur nom. Le combattant, enlevé de cette façon hardie, fut lancé à trois mètres en l'air, et retomba sur la tête.

Rendons justice à la vache, elle était bonne

personne, et avait refusé le combat longtemps, soit par principe de douceur, soit qu'elle ne comprît pas bien ce qu'on demandait d'elle. Quand elle a eu compris son rôle, elle l'a joué parfaitement, et en personne prudente et avisée. Elle avait eu la douceur de son sexe, elle en a eu aussi toute la finesse.

A ce sujet, laissez-moi vous répéter ce que j'ai entendu dire de la différence entre le taureau brutal et la vache plus réfléchie: le premier s'élance tout d'abord tête baissée et frappe les yeux fermés; la seconde y va avec moins d'emportement, mais elle a les yeux ouverts; le coup est plus doux, mais il est plus sûr, et ceci vous explique l'adresse de la troisième vache à cette espèce de jeu de bague. La soirée a été terminée par l'écartement d'un novillo aux cornes tamponnées.

Franchement, Monsieur, pensez-vous qu'il y ait rien de plus coupable et de plus absurde que la conduite de ce gouvernement livrant des vaches bien armées à des amateurs de *capear!* au moins le torero fait son métier; tous les membres de la quadrille s'entendent: le picador a sa lance et le matador son épée, mais dans la course de vache libre et aux cornes pointues, aux prises avec une foule confuse, dans laquelle tous se nuisent au lieu de se secourir, je vois moins de barbarie réglée et préméditée, mais beaucoup plus de danger, partant plus de culpabilité.

Le spectacle des courses est immoral sous quelque point de vue qu'on l'envisage: il est coupable sous le point de vue du danger auquel est exposée la vie humaine. On a beau dire qu'il ne meurt jamais personne dans les courses de taureaux, les faits sont là pour accabler mes adversaires. M. Théophile Gautier a vu mourir, dans le cirque de Séville, un nègre, garçon de la place de taureaux.

Ce n'était pas un torero, mais les garçons de place aussi sont nécessaires. J'en ai vu un sur le point d'être tué à Barcelone, le 8 septembre. La course, n'exposant que la vie des garçons du cirque, serait déjà coupable à ce point de vue.

Deux de mes amis de Madrid ont vu mourir chacun un torero, dont l'un a rendu le dernier soupir en pleine place ; un jeune Espagnol d'un des ports de l'est me dit pour me montrer l'innocence des courses, que pendant quinze ans il n'avait vu que deux morts à la suite de blessures reçues en combattant les taureaux ; enfin, à la page 63 de l'ouvrage intitulé *Montes y pepe hillo*, on lit ce qui suit : « Il arriva qu'étant sorti sur la place avec l'épée *Lavi,* à Saragosse, dans une fête qui se célébrait dans cette capitale, un banderillero de Juan Pastor, appelé le Panderillero, fut enlevé et mourut des suites de ses blessures dans les cinq ou six jours.» Je n'ai pu prendre que peu d'informations, je n'ai lu ni la *Toromaquia*, ni l'histoire *Del torear*, et cependant voilà à ma connaissance six morts en assez peu de temps.

Que sont devenus le faux alguazil de Saint-Esprit, surpris dans le couloir, et mon amateur de Pampelune? Vous êtes plus à même que moi de savoir s'ils sont encore dans ce bas monde. S'ils n'y sont plus, veuillez remplacer le chiffre 6 par le chiffre 8. Et voilà le spectacle immoral où les accidents sont si rares!

Mais il y a le précédent des tournois et la conduite tenue par l'Eglise au moyen âge au sujets de ces dangereux divertissements devrait être un enseignement pour les générations actuelles. Durant le XIIIe siècle, il y eut plus de treize princes ou grands seigneurs qui perdirent la vie dans ces jeux ; aussi l'Église finit par les défendre, ou du moins obtint des chevaliers le serment de n'aller au tournois que pour y apprendre les exercices de la guerre. (*Dictionnaire encyclopédique de la France*, par Lebas, t. XII, p. 706.)

Je suis bien sûr qu'il doit être mort plus de treize toreros dans l'arène de 1753 à 1853, et cependant la tauromachie est fort orthodoxe en Espagne. Voyez la sage décision de l'Église. Le tournoi défendu comme *but*, permis comme *moyen* nécessaire, ainsi que nos petites guerres modernes, où il y a toujours quelques hommes écrasés et étouffés, etc. C'est cette précieuse distinction qui nous servira pour répondre à quelques raisonnements qui nous ont été faits en Espagne.

On a eu, en effet, l'excellente idée de me dire que les marins sont plus exposés que les toreros. C'est vrai, mais leur état est fort utile. On a été jusqu'à me faire un reproche sérieux d'exposer ma vie en voyageant.

Que voulez-vous répondre à des gens d'une conscience si timorée à l'endroit du cinquième commandement? Ainsi la tactique espagnole est de vous claquemurer dans la crainte, la lâcheté et l'inaction, par suite toujours du cinquième article du Décalogue ou de raisonner *a pari* et de justifier les toreros.

Les aéronautes aussi sont bien plus coupables que les toreros aux yeux de nos casuistes. Pour moi, quand je vois un aéronaute non saltimbanque, je salue bien bas: c'est un homme dévoué qui expose sa vie pour dérober à l'avenir ce que nous aurons évidemment dans peu d'années, le secret de la navigation aérienne. Si c'est une chimère, ce que je ne crois pas, elle est excusable. Pour chercher la solution d'un problème si intéressant, un homme est en droit d'exposer sa vie. La pauvre humanité ne marche dans la voie du progrès que sur le corps de ses martyrs dévoués.

Il y a un divertissement français bien coupable aussi aux yeux de nos rigoristes; c'est la chasse à courre. Mais cet exercice n'est pas un spectacle; c'est une distraction parfaitement innocente et ayant le grand avantage de donner un exercice salutaire et de rendre le chasseur adroit, courageux et pouvant rendre par la suite des services véritables à sa patrie par son agilité, son adresse à l'équitation, et son habitude des armes. Jamais l'homme n'est mis en présence d'une bête dans cette alternative : tuer d'un coup ou être tué. Actuellement la carabine tend à supprimer le couteau; mais, même avec le couteau, il a toujours été dans les lois de la chasse de tourner le cerf et de l'*accouer*. De plus, le chasseur peut, sans déshonneur, céder sa place à un plus habile, le matador ne le peut pas; et le veneur est secondé par une meute tout entière. Voilà pour la culpabilité.

Au point de vue de la cruauté, la chasse à courre ne se peut comparer à la Corrida : 1° le cerf est un animal sauvage que l'homme doit détruire sous peine de voir dévaster ses champs et ses jardins ; 2° c'est une guerre où le cerf a beaucoup de chances pour lui. Sur huit taureaux amenés dans l'enceinte, il y a huit morts. Demandez aux chasseurs si, sur huit cerfs attaqués, il y a huit cerfs pris!

Toutes les objections sont-elles résolues?

Non, il y en a une plus formidable que je n'aborde qu'en tremblant.

Les Français réprouvent les Espagnols parce qu'ils tuent à coup sûr sans danger un taureau ; et eux, ils enferment des hommes avec des tigres et des lions, et un beau jour ces nouveaux bestiaires deviennent la proie des bêtes féroces !

Tâchez de persuader à un Anglais que nous ne nous nourrissons pas exclusivement de grenouilles, et vous pourrez aussi persuader à un Espagnol que nous ne donnons pas tous les ans quelqu'un de nos compatriotes à croquer aux tigres et aux lions.

Je répondrai aux Espagnols par leurs propres paroles ; c'est bien là ce qui prouve le génie de l'homme, de dompter les bêtes féroces ; cela le prouve mieux que le massacre de quelques animaux domestiques, nés pour traîner la charrue. En soi je ne vois pas le mal qu'il y a d'avoir des amis intimes dans les espèces lion, tigre, panthère ; et si j'avais l'honneur de connaître particulièrement une de ces bêtes, je m'en tiendrais fort honoré et peu en danger. Il n'y a pas d'animal qu'on ne puisse apprivoiser.

Les bruits qu'on fait courir sur le sort de tous les montreurs de bêtes qui ont paru sur nos théâtres est faux. Du reste, je désapprouve les hommes qui exposent leur vie en cherchant à dompter des animaux déjà parvenus à un certain âge, et qui exercent des actes de cruauté sur lesdits animaux. Qu'on vive en bonne intelligence avec des bêtes qui sont réputées féroces, très-bien ; qu'on les excite, qu'on s'expose, qu'on les taquine, c'est moins bien.

Puis ce spectacle est si rare chez nous qu'il n'y a que deux ou trois dompteurs de bêtes en France, tandis qu'il y a peut-être quatre cents toreros en Espagne. Mais pourquoi continuer cette discussion ? Le gouvernement laisse faire en France; en Espagne, l'autorité commande dans tout ce qui a rapport aux taureaux. Le prêtre, en France, n'est pas consulté, il se tait; en Espagne, il est consulté, il accourt avec les saintes huiles.

Reste non pas un argument direct à combattre, mais un coup de patte assez méchant. Les Français n'ont pas assez de courage pour être toreros ; de là leur haine pour la tauromachie.

Quand on a produit Delegorgue, le chasseur d'éléphants, Gérard, le tueur de lions qui joue sa vie à chaque instant pour défendre ses semblables contre les agressions de lions; quand on a produit tant d'autres émules de ces deux intrépides chasseurs, on ne répond au dernier coup de patte qu'en levant les épaules. Qui aurait dit il y a dix ans qu'il faudrait défendre pied à pied notre sol contre un jeu coupable, dégradant et cruel? Voilà pourtant où nous en sommes. L'agent de toute civilisation, le chemin de fer, nous amènera la barbarie plus vite que les mauvais chemins. C'est que la civilisation purement matérielle ne peut sauver le monde; il faut, de plus, la civilisation morale, intellectuelle, austère. L'esprit du mal profite des meilleures choses. C'est aux journalistes à combattre cette invasion du cannibalisme. A vous donc, Monsieur, à crier : Qui vive! à la frontière du sud, comme à vos confrères de Strasbourg à crier : Qui vive! au rationalisme allemand.

Les nations latines vont avoir affaire à rude partie, à elles de s'épurer pour que Dieu leur donne la victoire. Si elles veulent résister à la barbarie russo-tartare, qu'elles enlèvent la barbarie païenne du cirque.

A UN CATHOLIQUE

ENNEMI DES COMBATS DE TAUREAUX.

Paris, 10 juillet 1863.

Monsieur,

Tout le monde connaît la réponse d'un historien du siècle dernier à un érudit qui lui offrait des documents précieux sur le siége de Malte : « Mon siége est fait. » J'ai dû faire la même réponse à un ami justement regretté, M. F...., qui m'a fait connaître la bulle de saint Pie V contre les combats de taureaux. Mes lettres avaient déjà été envoyées à leur adresse, avaient été publiées par un journal des Basses-Pyrénées et enfin avaient reçu l'hospitalité d'une feuille espagnole qui en avait inséré la traduction dans ses colonnes.

Plus heureux cependant que l'historien de Malte, je constaterai avec la plus entière satisfaction que la bulle excuse toutes les violences de mon langage, et stigmatise toutes les horreurs des cirques espagnols. Voici le texte latin de la bulle *De salute*, dont la traduction se trouve tout au long dans le consciencieux ouvrage du docteur Blatin (brochure in-8, chez Humbert et Dentu).

VII *Decretales.* Lib. V. Tit. VIII.

DE TAURORUM ET ALIORUM ANIMALIUM AGITATIONE ET PUGNA.

PIUS V

CAPUT UNICUM.

Ferocia et cruenta quæcumque spectacula in quibus Tauri et sæviores aliæ feræ introducuntur, et ad pugnam ludicram, sed plerumque exitialem hominibus congrediuntur, probibentur.

De salute gregis Dominici nostræ curæ divina dispensatione crediti, prout ex debito pastoralis officii astringimur, sollicite cogitantes, Fideles cunctos Gregis ejusdem ab imminentibus corporum periculis etiam animarum pernicie perpetua studemus. Sane licet detestabilis duellorum usus a diabolo introductus, ut cruenta corporum morte animarum etiam perniciem lucretur, ex decreto concilii Tridentini prohibitus fuerit, nihilominus adhuc in plerisque civitatibus, et aliis locis, quamplurimi, ad ostentationem virium suarum et audaciæ, in publicis privatisque spectaculis, cum Tauris et aliis feris bestiis congredi non cessant unde etiam hominum mortes, membrorum mutilationes animarumque pericula frequenter oriuntur, Nos igitur considerantes hæc spectacula, ubi Tauri et feræ in circo vel foro agitantur, a pietate et charitate christiana aliena esse, ac volentes hæc cruenta impiaque dæmonum et non hominum spectacula aboleri, et animarum saluti, quantum cum Deo possumus providere, omnibus et singulis principibus christianis quacumque tam Ecclesiastica quam mundana, etiam imperiali, regia, vel quavis alia dignitate fulgentibus, quovis nomine nuncupentur, vel quibusve communitatibus et Rebuspublicis hac perpetuo nostra constitutione valitura sub excommunicationis et anathematis pœnis ipso facto incurrendis, prohibemus et interdicimus, ne in suis provinciis, civitatibus, terris, oppidis et locis, hujusmodi spectacula, ubi Taurorum aliarumque ferarum bestiarum agitationes exercentur, fieri permittant. Militibus quoque cæterisque aliis personis, ne cum Tauris et aliis bestiis in præfatis spectaculis, ipsi tam pedestres quam equestres congredi audeant, interdicimus. Quod si quis eorum ibi mortuus fuerit, ecclesiastica careat sepultura. Clericis quoque tam regularibus, quam secularibus beneficia Ecclesiastica obtinentibus vel in sacris ordinibus constitutis sub excommunicationis pœna, ne eisdem spectaculis intersint, similiter prohibemus, omnesque obligationes juramento et votis, a quibusque personis, universitate, vel collegio hujusmodi Taurorum agitatione, etiam ut ipsi falso arbitrantur, in honorem sanctorum seu quarumvis Ecclesiasticarum solemnitatum et festivitatum, quæ divinis laudibus, spiritualibus gaudiis, piisque operibus, non hujusmodi ludis celebrari, et honorari debent hactenus factas et facta, seu in futurum fienda, quæ et quas omnino prohibemus, cassamus et annulamus, ac pro cassis, nullis, et irritis haberi perpetuo decernimus atque declaramus. Mandamus autem omnibus principibus, comitibus et baronibus sanctæ Romanæ Ecclesiæ feudatariis, sub pœna privationis feudorum quæ ab Ecclesia Romana obtinent. Reliquos vero principes christianos, et terrarum dominos predictos hortamur in Domino, in virtute sanctæ obedientiæ mandamus, ut pro divini nominis reverentia et honore, præmissa omnia in suis dominiis, ac terris hujusmodi exactissime servari faciant, uberrimam ab ipso Deo mercedem tam boni operis recepturi. Ac universis fratribus Patriarchis, Primatibus, Archiepiscopis et Episcopis aliisque locorum ordinariis in virtute sanctæ obedientiæ, sub obtestatione divini judicii, et interminatione maledictionis æternæ, quatenus in civitatibus et diœcesibus propriis præsentes nostras litteras sufficientes publicari faciant, et præmissa etiam sub pœnis et censuris Ecclesiasticis observari procurent.

Passons maintenant à l'examen de quelques articles de la bulle si formelle du dernier pape que l'Église ait canonisé. Les courses de taureaux y sont défendues, non pas en tant que pouvant causer la mort des hommes, mais encore comme pouvant amener *membrorum mutilationes*. Quel est le théologien espagnol qui pourra soutenir que la *corrida* n'est pas une cause prochaine de *membrorum mutilationes?*

C'est donc dire une insigne fausseté que de prétendre que les courses actuelles ne tombent pas sous le coup de l'excommunication fulminée par le saint pontife, parce que, depuis sa promulgation, on a pris toutes les précautions pour sauvegarder la vie humaine. En fait, et plus de mille exemples le prouvent, il y a danger de mort; mais ce danger n'existerait pas, que la prohibition subsisterait : *Propter mutilationem membrorum.*

Un prêtre, de mes amis, me disait l'autre

jour que, sans doute, la bulle n'avait pas été promulguée en Espagne. Il se trompait. Un voyageur dans la Péninsule, qui a écrit le récit de son voyage dans le journal *le Tour du monde,* a vu de ses yeux l'original de la bulle dans les archives de Madrid. Dans les jeux où l'on *excite et combat* les taureaux en Espagne (*De taurorum agitatione et pugna*), y a-t-il danger prochain de fracture de membres sans utilité? Un autre enseignement se tire de la bulle ci-dessus reproduite, c'est l'origine romaine et non africaine de ces sanglantes infamies. Je retire donc les mots de barbarie africaine de ma première lettre. Donc, au moyen âge, les courses de taureaux existaient dans l'Italie, la Gaule méridionale, l'Espagne et le Portugal. La bulle les a complétement abolies en Italie, les a modifiées dans la Gaule méridionale et dans le Portugal. J'ai vu une course selon l'usage portugais, à Malaga, je crois, et ne puis condamner cette lutte courtoise où le cavalier fait briller toute son adresse sans exposer sa vie autrement que tous les écuyers de cirque, et où il harcelle, sans le tuer, un taureau furieux, dont les cornes sont tamponées (*embоladas*). La malheureuse rosse du picador est remplacée par un cheval plein de vigueur et d'adresse, et le *pequedor*, en costume portugais du XVIe siècle, évite les attaques du taureau tout en lui lançant des dards en roseau, dont la pointe, comme celle de la lance du picador, ne peut faire grand mal. Le but de la course portugaise est de faire briller l'adresse du cavalier, qui perce la peau du taureau de plusieurs sagayes en cherchant à éviter les cornes de l'animal furieux qui, du reste, dans le cas où le cavalier commettrait une maladresse, ne pourrait le tuer ni le blesser grièvement (*mutilatio-*

nes membrorum), puisque c'est un tournoi à armes courtoises.

Autrefois les courses de taureaux étaient sanglantes dans les États portugais comme en Espagne. C'est pour obéir aux prescriptions de la bulle *De salute* que les courses portugaises ont été ainsi modifiées. Le saint pape condamne les cavaliers et les combattants à pied qui vont s'attaquer au taureau (*ipsi tam pedestres quam equestres congredi audeant*). Il me semble difficile de mieux désigner les combattants actuels des cirques espagnols. Saint Pie V prive de la sépulture ecclésiastique les toréros morts en combattant. L'Église d'Espagne leur assure le paradis *en caso disgraciado de inutilizarse* en députant à chaque course un prêtre avec les saintes huiles dans une chapelle spéciale, dépendance obligée de la place de taureaux. Il y a trois accueils à faire à une bulle. On murmure, on conteste le pouvoir du saint-père, on en appelle au pape mieux informé, quelquefois au concile. On est mal noté à Rome et on ne se décide à obéir qu'après avoir montré une mauvaise grâce qui a fait le scandale des peuples chrétiens. Voilà comme faisaient nos pères, au temps de la bulle *Unigenitus*, et ils avaient tort. Ou bien on se met à deux genoux, on publie la bulle en remerciant le souverain pontife de sa sollicitude paternelle, puis la précieuse bulle est déposée pompeusement aux archives, et ces témoignages extérieurs donnés, on agit comme devant. Telle est la façon d'agir espagnole. Ou bien enfin, on reçoit la bulle sans murmurer, et on en observe les prescriptions sans démonstrations d'une feinte joie, ni d'un injuste chagrin. Tel est l'accueil que nous souhaiterions aux bulles du père des fidèles chez tous les catholiques de l'univers. Pour commencer, souhaitons de voir, en 1864, l'Espagne observer les prescriptions de la bulle *De salute* qui a près de trois siècles d'existence.

RENÉ DE SEMALLÉ.

Paris. — Imp. REMQUET, GOUPY et Ce, rue Garancière, 5.

A LA MÊME LIBRAIRIE

Quelques mots sur les danses modernes. Nouvelles révélations, par le vicomte B. de SAINT-LAURENT. 4e édition. In-18. 50 c.

« Je n'écris pas pour les jeunes filles, dit l'auteur, j'écris pour les prêtres et les femmes mariées, et je mets les points sur les *i*. »

Madagascar et le roi Radama II, par le R. P. Henry de RÉGNON, Procureur des missions de Madagascar et du Maduré. 1 vol. in-12 avec portrait du roi. 2 fr.

Rome et la civilisation. Influence de l'Église sur le développement matériel, intellectuel et moral du monde d'après les historiens protestants et philosophes, par Eugène MAHON DE MONAGHAN, précédé d'une Lettre du R. P. Félix, de la Compagnie de Jésus. 1 vol. in-12. 3 fr.

La question européenne, Rome, Varsovie, Constantinople. — Solution, par Louis de JUVIGNY. In-8. 1 fr.

Rome et Pie IX. Quelques souvenirs, par M. l'abbé P. GUÉRIN, du diocèse de Rouen. In-8. 1 fr.

PARIS. — IMP. W. REMQUET, GOUPY ET Cie, RUE GARANCIÈRE, 5.